造物精神与榫卯智慧如何通过现代家具表达出来

家具解构
坐具设计实战

徐岚 刘美玲 张琳枫 编著

DECONSTRUCTION

化学工业出版社

·北京·

内容简介

《家具解构：坐具设计实战》在介绍坐具设计发展与演进基础之上，以大量"手绘+模型图"的形式，从东方坐具、西方坐具和坐具部件三个维度对坐具设计进行了整体和细节的直观解构，并通过解读世界名椅和企业、院校坐具设计案例，全方位、多角度向读者呈现了一套极具启发和借鉴价值的坐具设计方法和设计思维。

本书可供家具设计专业师生、家具设计师以及对家具设计感兴趣的读者阅读参考。

图书在版编目（CIP）数据

家具解构：坐具设计实战/徐岚，刘美玲，张琳枫
编著. 一北京：化学工业出版社，2021.6
ISBN 978-7-122-38943-5

Ⅰ.①家… Ⅱ.①徐…②刘…③张… Ⅲ.①家具-
设计 Ⅳ.①TS665.4

中国版本图书馆CIP数据核字（2021）第067711号

责任编辑：王　烨　　　　　　　　　　　装帧设计：王晓宇
责任校对：王鹏飞

出版发行：化学工业出版社（北京市东城区青年湖南街13号　邮政编码100011）
印　　装：北京缤索印刷有限公司
710mm×1000mm　1/16　印张8¼　字数156千字　2022年1月北京第1版第1次印刷

购书咨询：010-64518888　　　　　　　售后服务：010-64518899
网　　址：http://www.cip.com.cn
凡购买本书，如有缺损质量问题，本社销售中心负责调换。

定　　价：79.80元

序

　　坐具，是人们日常生活中普遍使用且技术要求很高的物品。在人类历史发展长河中，它被注入了丰富多彩的意义，或象征权力，或区分等级，或满足于人们生活与劳作等各种活动的需求。

　　正是人们对坐具功能的不断追求，古往今来，尤其是现代家具诞生后的近两百年，坐具向我们呈现了千姿百态的面貌。每一件坐具都有精妙的结构。通过结构创新，众多设计师将外观与功能、材料与工艺完美融合，制造出许多美观、耐看的传世产品。

　　《家具解构：坐具设计实战》是广州美术学院教师徐岚等累积十多年倾心于教学、实践和研究的心力之作。徐岚试图通过此书引领读者回到坐具源头，从解析东西方历史文化沉淀的千姿百态的经典坐具内里核心结构中，向读者呈现一套直观有效的坐具设计方法。

　　本书通过拆解许多优秀的坐具结构设计，探讨了坐具内部结构与坐具外观的关联与共通。它还以大量"手绘 + 模型图"的形式，将坐具拆分为腿、枨、面、背、扶手五个部件类别，进行整体与细节的直观解读。

　　本书或可作为家具设计教学的参考读物，引导读者经由理解创意非凡且美观实用的坐具设计的核心本质，厘清现代家具的构造特点，思考创新之路，又或者，读者什么都不用想，就在翻页阅读中细细感受家具设计的美好。

童慧明

2021年5月

前言

　　"坐"是人类生活的行为,坐具也是历史长河中逐渐多样化的产物。起初,人们席地而坐,"坐具"并未发挥出应有功能而滞后发展。随着人们劳作或对权力等级区分等行为和信仰的形成,促使坐具以"凳"为原型进入人们的生活,后因人们生活方式,如接待、娱乐、休息等行为继而延伸出"榻",此时坐具便有了高度与宽度。随着生产力进步,房屋架构抬高,"坐具"也便随之抬高,加以靠背、扶手等部件,满足人们倚靠、搭手的需求——"椅"正式形成。

　　坐具是紧伴我们生活存在的重要家具之一。工业时代人们不满足于坐具除实用功能外的单一样式,便根据自身的需求与审美设计出样式各异的坐具,或美丽或个性,或隆重或轻盈……

　　人们试图运用身边各式各样的材料来制作坐具,而款式各异的坐具在设计过程中也离不开腿、枨、面、背、扶手这五个部件。本书则是以东西方坐具设计的历史发展为背景,解析世界名椅的变化,把坐具各个部件拆散分解,从坐具部件拆解的角度,去探索和研究坐具和坐具设计的不同方向,发掘更多的坐具组合方式。本书以手绘的方式阐述设计思路,以三维模型的方式表达坐具设计实例,从理论到实践来全面论述坐具设计的思路方法和流程。

　　本书由徐岚、刘美玲、张琳枫编著。

　　由于时间和水平所限,书中难免存在不足之处,敬请读者批评指正。

编著者

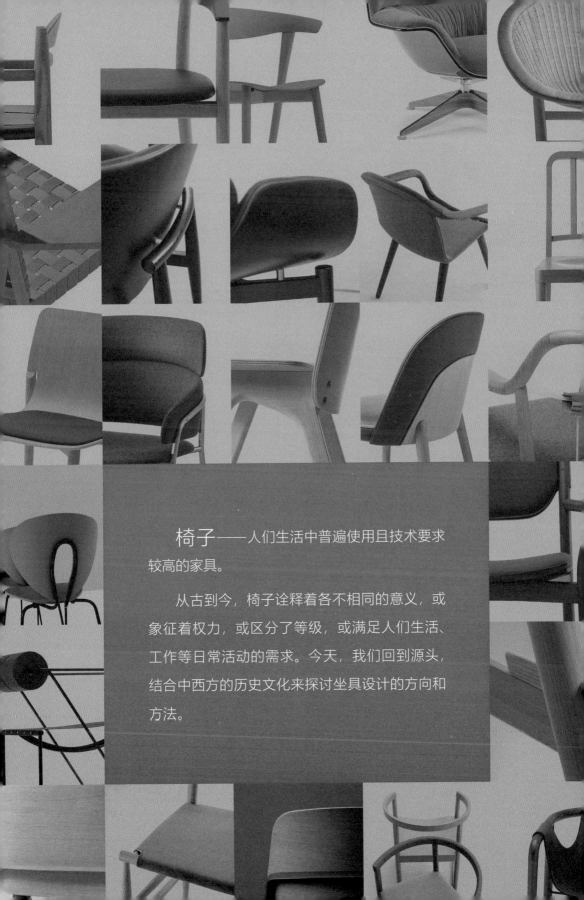

　　椅子——人们生活中普遍使用且技术要求较高的家具。

　　从古到今，椅子诠释着各不相同的意义，或象征着权力，或区分了等级，或满足人们生活、工作等日常活动的需求。今天，我们回到源头，结合中西方的历史文化来探讨坐具设计的方向和方法。

第 **1** 章
坐具设计概述

坐具的发展与演变是怎么进行的?

相信这个问题是家具设计师、家具设计爱好者共同思考的问题。一直以来,我都认为任何一个设计都不是凭空出现的,环顾我们的四周,各种坐具形态各异、功能各异,其目的都是更好地服务客户,不管是功能、寓意、审美,无一不是为了人们更好地生活而产生的。

从历史上看,在航海大发现以前,东西方家具有其各自的个性,两者之间有明显的地域性差异,与当地民众的生活、文化、信仰等息息相关。

15世纪到17世纪,欧洲的船队开始了航海之旅,船只出现在世界各地,如针线般把地球上的许多国家连在一起。多方的产品、文化开始交流碰撞,新的设计理念开始形成,坐具设计也不例外。

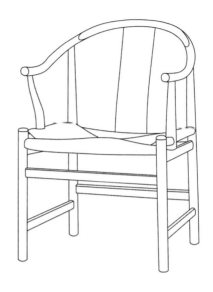

明式圈椅　　　　　　　　　　　　汉斯·瓦格纳：中式圈椅

　　从上图两张圈椅就可以观察出东西方坐具设计方法的不同。左图的"明式圈椅"是以严谨庞大的中式木作框架系统为背景的，其承载着中国文人的风骨意境、工匠的巧思精工，是中国坐具的重要代表作；右图是由西方著名设计师汉斯·韦格纳所设计的"中式圈椅"，是对"明式圈椅"的另一种诠释，设计师以新技术的支持，采用现代的工业设计方法向人们呈现出一张轻巧灵动的"中式圈椅"。简单地说，这两款圈椅体现了坐具发展演变的过程。

　　本书不局限于历史的分享，而是致力于系统地整理坐具的整体框架，由点及面地发散思考坐具的设计方法，研究坐具的演变方式、坐具部件与部件的相互作用，思考坐具设计是怎样进行演进的。

第 **2** 章
东方家具解构

东方家具从隋唐开始，逐渐摆脱了辅助铁钉的箱型构造，并演变成了纯木作结构的线型家具，特别是宋代以后，家具在构造上得到了空前的发展。东方家具中的榫卯结构以古代木构建筑为基础并发展完善，连接更为合理、牢固，并以此形成了其特有的家具解构体系，也奠定了东方传统家具在中国甚至世界上的重要地位。对于东方传统家具我们可以从制、式、形（型）、艺四大方面进行解构和分析。

2.1 制于结体

任何一件家具都是由若干条木料组合形成的，在家具形成的过程中需要"制"的规约。"制"指制度、法则，是家具立于地面上的构造、结体的法则。

从技术上看，中国家具的发展经历了"水平面板"由低到高的上升过程，同时，水平面板和竖腿紧密结合，形成三维一角的结体形式，这是家具立起结体的结构核心，即我们所说的"制"。"无束腰""有束腰""四面平"和"案型"是构成中国传统家具的四大制类，形式不同，各具特色。

在传统家具中，能囊括四大制类于一体的家具就属"机凳"了。按照"制"与"式"的联系，无束腰凳、有束腰凳、四面平凳、案型凳便是"多制一式"了。

| 无束腰 | 有束腰 | 四面平 | 案型 |

四大制类

无束腰家具是指圆包圆或裹腿枨等的直腿杆家具，家具枨杆截面不外露，边框格角不露截面，纵与横圆满结合，通体木纹顺畅平和。"通体圆和"的制木思想贯穿于中国木作家具的构造法则中。

有束腰，顾名思义是家具中有凹带收紧的结构，腿足与面框相间隔，里侧腿足端延伸与板面框榫接，外似断而内相连，外美内坚，结构复杂但合理精巧，制作要求极高，是四类"制"中最难的。

四面平也称"四平式"，面框的大边与抹头外侧面平直并与腿足齐平。在三维中观看是三面平直，互有格角，是传统榫卯中有名的"粽角榫"结构。外形看似简洁刚硬，可技术难度却比无束腰结构更高。

案型结构有别于前三种制类，多用于条案的结构中，面框四格角与腿上端相互错开，格角与腿不在同一垂直线上，腿足外侧往里收进，有"展翅"之意。正面前后设置牙条和插肩榫，构造稳固、造型朴实，工巧至极。

2.2 式于延伸

"式"则是指不同家具的名称与使用功能，也可以说是家具的样式或形式。中国家具从低到高，由席地到坐卧，大致有两大类，一类是含有水平面板的主体家具，如凳、椅、桌、案、床、柜等，另一类是没有水平面板的辅助家具，如各种架和屏风等。以束腰为例，如有束腰凳、有束腰椅、有束腰几、有束腰桌、有束腰案、有束腰榻、有束腰床等，称为"一制多式"。如下图所示，均为有束腰家具。

明式家具体系是带有强烈传承发展的家具体系，它随着时代的发展以及人们居住习惯而改变着，新旧相替，继而发展出一系列的经典样式。在下图中，以弥勒榻结构为基础，通过变直、拉长、压缩、弯曲、增加部件等方法，衍生出不一样的"式"，组合成严谨且多变的明式家具。

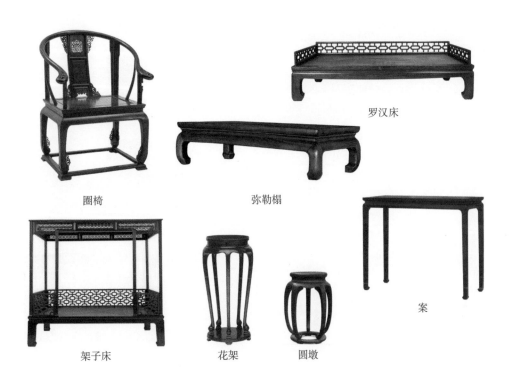

圈椅　　　　　　　弥勒榻

罗汉床

架子床　　　花架　　　圆墩　　　案

2.3　型于定物

中国传统家具大致可分成正家具（可承载重力的实用家具）和附家具（专藏细物或供为雅玩装饰的）。"型"特指家具的骨骼间架，是家具的格式主体，是"制"与"式"的结合，是"制式"既定后的骨骼状态。正家具由三维一角构成的"型"，即为正家具的"型"；无"制式"的附家具是一器一式，直接为"型"，即附家具的"型"，由此即可确定家具的制类与品类。

正家具：可一制多式，多制一式　　　　　　　　　附家具：一器一式

2.4　形于气韵

形即是器具的气质与势向。一件家具的制式确定后，大小尺寸是可以有很多选择的，在满足三维架构的基础上，可选择条杆边框的粗细、曲直。例如，有束腰的桌子的整体形式可以是直腿或是弯腿或是高束腰或是带屉式，细节中可选择罗锅枨或是加矮老抑或霸王枨等。形是"制"与"式"在具体成型后形体语言的衍生，可为中华传统家具添加更多的面貌。

矮老
罗锅枨

霸王枨

束腰直腿　　　　　　束腰弯腿　　　　　　高束腰　　　　　　屉式高束腰

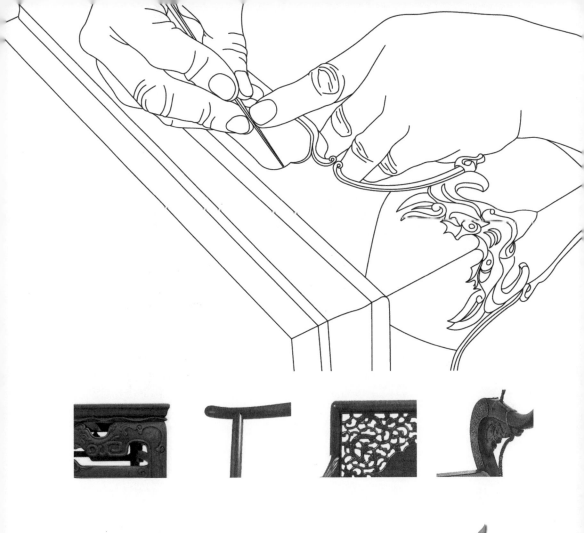

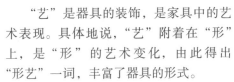

2.5 艺于表意

"艺"是器具的装饰，是家具中的艺术表现。具体地说，"艺"附着在"形"上，是"形"的艺术变化，由此得出"形艺"一词，丰富了器具的形式。

家具中的细节如：四出头、牙板、鱼门洞、线脚、冰盘沿、圆杆、劈料、瓜棱、雕花嵌线以及装饰五金等都是"艺"的表现，每一种"艺化"都诠释了人们对美好生活不同的寓意。

在明式家具的审美中，"饰过而形失，艺盛而形衰"是表达器具"形艺"的重要判断依据。"艺"是依附于"形"上的艺术装饰，也是"随形就艺"，在吻合整体造型的基础上表现。

与有装饰的家具相对应，必有无装饰的家具，"艺"到极简则是"形"。无装饰的线型骨感家具对"形"的要求更高，即"以形表意"，是线型家具的至高形式。

正所谓"制、式、形、艺皆于心"，型制要意会，样式需体验，形艺要观融。匠工与设计师必须由表及里、由内而外，探究家具的内在构造文法及其原理。

2.6　不用一钉妙在榫卯

中国传统家具经过上千年的传承与改良，有一套严谨且灵巧的解构体系。说到中国传统家具的精妙之处，必定会提到榫卯结构。一阳一阴谓之"一榫一卯"，阴阳结合为"榫卯连接"。

传统家具中的榫卯结构并非凭空而来，榫卯是自史以来众多能工巧匠的智慧结晶，是中华木作中对木材特性的洞见，形成木的活性构造和可拆装的工巧榫卯。它与古代建筑中的大木梁架的大系统同出一脉，随着历史进程的推进，人们对木材及榫卯工艺的认知不断深入且完善，直至明代引入了南洋硬木，人文、技术、材料三合一，榫卯技术工艺到达了灿烂多彩的巅峰，为明式家具的鼎盛辉煌提供了技术支撑。

榫卯是在两个构件上采用凹凸部位相结合的一种连接方式，无论是上下、左右、粗细、斜直等连接，可以面面俱到，且结构精巧合理。

榫卯作为中华木作的核心工巧技术，形式各不相同，犹如家具中的"关节"，结构合理、工艺精良、合缝紧密、界缝美丽、木纹圆通。结构间相互作用，不同的榫卯结构可以组合成不同的造型，实现不同的功能，且坚固耐用。

中华木作榫卯，经历了从初始简单的直榫、明榫到较为复杂的粽角榫、束腰组合榫等的演变。在由简到繁、由粗到精的进化中，榫卯的渐变支撑了家具形式的发展，同时家具的变化发展也在要求并推动着榫卯的工巧进展和技术优化，对榫卯发展不断地提出新的要求。

制作榫卯是一个严谨的过程，必须满足"八大要"才能做出真正牢固的榫卯：悉木性、究构造、精分寸、觅纹顺、求严密、忌死锲、可拆装、易修复。

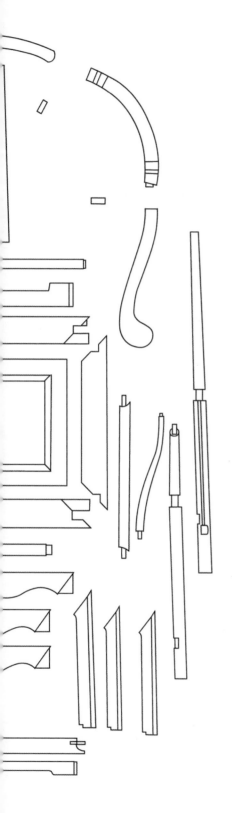

2.8　灵思巧构集成一器

　　椅子是人们日常生活中使用频率最高且使用中移动最多的家具，因此，人们对椅子的形制、结构、韵律等的要求都最为苛刻。椅子在传统家具中拥有不可撼动的地位，成为世界上喜爱家具的设计师、收藏者最热门的追逐对象。

　　圈椅起源于唐代，其最明显的特征是圈背连着扶手，从高到低一顺而下；坐靠时可使人的臂膀都倚着圈形的扶手，坐感十分舒适。圈椅是明代家具中最为经典的制作。明式圈椅造型古朴典雅，线条简洁流畅，制作技艺达到炉火纯青的境地。圈椅之雅在于方圆之间拿捏得恰到好处，上圆下方，以圆为主旋律，象征和谐幸福，方为稳健，承载了中国古人的中心思想：天圆地方、大道至简、厚德载物，具备很高的艺术性、科学性和实用性。

　　一张传统的圈椅，由37个部件组成，囊括了传统榫卯结构中的大部分结构：楔钉榫、格角榫、攒边打槽装板、椅盘边抹与腿足的结构、走马销等，纵横交错，精巧美观。

楔钉榫
月牙扶手结构

攒边打槽装板
座面结构

格角榫
椅盘边抹与
椅腿结构

第**3**章
西方坐具解构

西方家具中的椅子由权力象征到重视"人体工程学"是一个漫长的过程。古典家具注重功能与艺术的融合,构造强调主体间的拼接。装饰繁杂,多辅以铁钉固定,体量硕大。

自17世纪起,经历几代建筑师、设计师的努力,借鉴东方家具中的"线型"构造,并与现代工业生产和新型材料相结合,西方家具摆脱了层层叠加的箱型模式,逐渐形成了现代西方家具设计流派,开启了现代国际家具风格和潮流。

3.1　西方家具起源

很多学者认为以古埃及家具为起源的西方家具没有经历从低到高、由席地到坐卧的演变阶段。其实不然，古埃及家具也经历了此阶段，只是发展时间大大短于东方家具。

古埃及最早的坐具是凳子。当时所有社会阶层的人都使用凳子，分别为X形折叠凳和方凳。折叠凳因其结构巧妙，得以广泛传播。座面或平或呈单凹或双凹形状，每一根斜撑的端头呈鸭头状，鸭喙与触地的圆形截面的横档相连，铰链是用青铜做的，座面常用皮革制成。

在古埃及第十八王朝时期，许多凳子采用圆腿。凳腿基本是圆柱形的，自横档往下，凳腿收细，接近地面时又变粗，在凳腿的收窄部分镂刻线条，装饰丰富，有些在横档上增加细小的枨作以支撑和装饰。

吐坦哈蒙黄金王座椅 　　　　　　　　古埃及第十八王朝图腾加满王墓出土交椅

　　与凳子不同，古埃及时期，椅子是一个社会地位的符号，是权力与财富的象征，专供贵族和高级官吏使用，这也是椅子出现时最初始的意义。距今约三千二百多年的吐坦哈蒙黄金王座椅是出土的古埃及家具中最为精致的座椅，通体贴有金箔，腿部雕刻成狮足形状，扶手装饰有飞翼、神蛇等富有寓意的图案，上有编织的坐垫和斜靠背。椅子装饰图案的繁重表示着使用者的权威。

　　坐在椅子上，人的两腿得以自然下垂到地面，坐感体验远远高于凳子，因此，椅子得以广泛使用。

　　古埃及的家具为后世的西方家具奠定了坚实的基础，几千年来西方家具设计的基本制式都未能完全超越古埃及设计师的想象力。直至拿破仑远征埃及时，随军的艺术家们记录下这些家具的图样带回欧洲，给19世纪初的欧洲家具设计界带来了强烈的震撼。古埃及的家具不论从数量上还是质量上，都可以称为西方古代家具的楷模，成为欧洲家具的一大源泉。

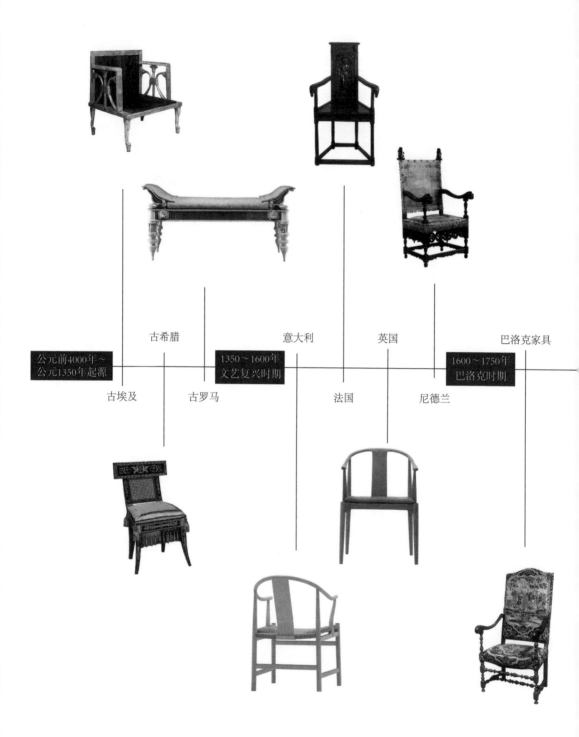

古希腊　　　　　　　　意大利　　　　　英国　　　　　　　巴洛克家具

公元前4000年～
公元1350年起源　　　　1350～1600年
文艺复兴时期　　　　　　　　　　　　　　　1600～1750年
巴洛克时期

古埃及　　　　古罗马　　　　　　　法国　　　　　尼德兰

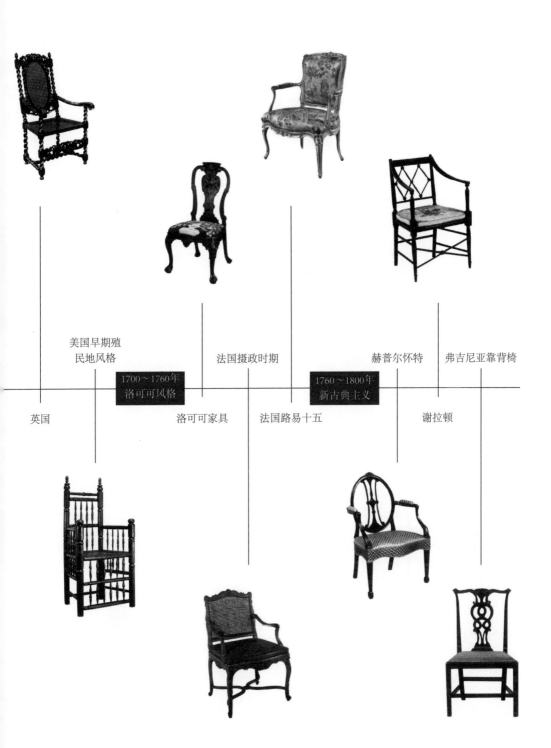

美国早期殖
民地风格

法国摄政时期

赫普尔怀特

弗吉尼亚靠背椅

1700～1760年
洛可可风格

1760～1800年
新古典主义

英国

洛可可家具

法国路易十五

谢拉顿

3.3　现代家具演化

奥托·瓦格纳
Otto Wagner
（1841—1918）

埃利尔·沙里宁
Eliel Saarinen
（1873—1950）

马塞尔·布劳耶
Marcel Lajos Breuer
（1902—1981）

阿尔瓦·阿尔托
Alvar Aalto
（1898—1976）

现代设
计先驱

第一代现代家
具设计大师

迈克尔·索耐特
Michael Thonet
（1796—1871）

安东尼奥·高迪
Antonio Gaudi
（1852—1926）

赫里特·里特费尔德
Gerrit Thomas Rietveld
（1888—1964）

密斯·凡·德·罗
Ludwing Mies Vande Rohe
（1886—1969）

芬·居尔
Finn Juhl
(1912—1989)

摩根斯·库奇
Mogens Koch
(1898—1993)

皮埃尔·保兰
Pierre Paulin
（生于1927）

马里奥·博塔
Mario Botta
（生于1943）

第二代现代家
具设计大师

第三代现代家
具设计大师

阿诺·雅各布森
Arne Jacobsen
(1902—1971)

汉斯·瓦格纳
Hans Wegner
(1914—2007)

维奈·潘顿
Verner Panton
(1926—1998)

杰斯帕·莫里森
Jasper Morrison
（生于1959）

温莎写字椅　　　　杆背温莎椅

袋背温莎椅　　　　圈背温莎椅

弓背温莎椅　　　　弓背温莎椅

扇背温莎椅　　　　扇背温莎椅

3.4 温莎椅

温莎椅最早记载于18世纪初，可谓是近代椅子的起源，在家具史上扮演着非常重要的角色。温莎椅坚固且重视功能性。一块座板上直接插上旋床过后的椅脚、木条，以此架构为基础，便诞生了许多富有变化的温莎椅。直到今天，温莎椅也丝毫不落伍，众多设计师都热衷于对温莎椅的扩展与创新，如：汉斯·瓦格纳的孔雀椅和乔治·中岛的休闲椅、圆锥椅，都保留着温莎椅的样式。

18世纪以前，已经出现了温莎椅的早期样式——梳子式椅背的扶手椅，椅背的形状就像梳子，椅背上方的横木和椅座板之间，利用数根木条连接。后来受安妮女王风格、洛可可风格等影响，衍生出小提琴靠背样式、镂空雕刻椅背样式等。18世纪中叶，梳子式椅背进化成扇形椅背，椅背上的木条从椅座往外散开，连接到椅背上方横木。

18世纪，英国展开工业革命，随着大量人口涌入都市，温莎椅的需求也跟着提升。温莎椅实用，利用手边便宜的材料，用最少的量简单榫接就可制作完成，轻巧美丽且富有强度。

孔雀椅

汉斯·瓦格纳

1947年

770mm（*L*）×770mm（*W*）×10330mm（*H*）

注：*L*为长度；*W*为宽度；*H*为高度。

第 **4** 章
坐具部件解构

······

坐具在人们生活中最为常见，是最贴近人类生活的生活用具。

坐具有千万种样式，其部件最多分为5种：腿、枨、面、背、扶手。椅腿——由点及线及面延展，为坐具提供了基本的框架；枨——作为坐具的骨架，使坐具更为稳固；座面——最为注重舒适感，也是设计师们展示材料与审美的部件；靠背——遵循人体工学，给予人更好的坐感体验；扶手——是以人的肢体行为衍生出来的部件。

接下来，我们以大量"手绘+模型图"的形式向大家详细介绍。在此，感谢张琳枫、黎运、罗贤文三位同事的紧密协助，得以向大家呈现本书的精彩部分。

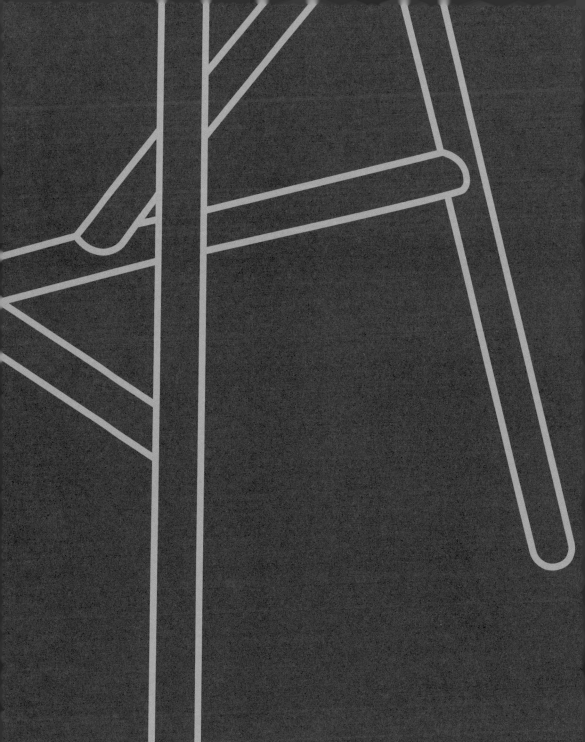

4.1 腿部

在古代，人们席地而坐，以草席、软垫等区分着人与人之间的等级，在人们意识到垂足而坐的舒适后，坐具便从二维向三维进化了。自椅腿开始，由点及线及面延展，为坐具提供了基本的框架。以腿部为例，三角形结构具有稳定性，在椅腿中常以虚形而存在形成轻巧的三腿坐具；四腿坐具是生活中最常见的坐具款式，给人以四平八稳的视觉感受；圆形给人环抱的感觉，在现代的坐具设计中，也常出现圆形的腿部设计。下面我们开始进行坐具腿部结构从材料到连接方式、构成等角度的解析。

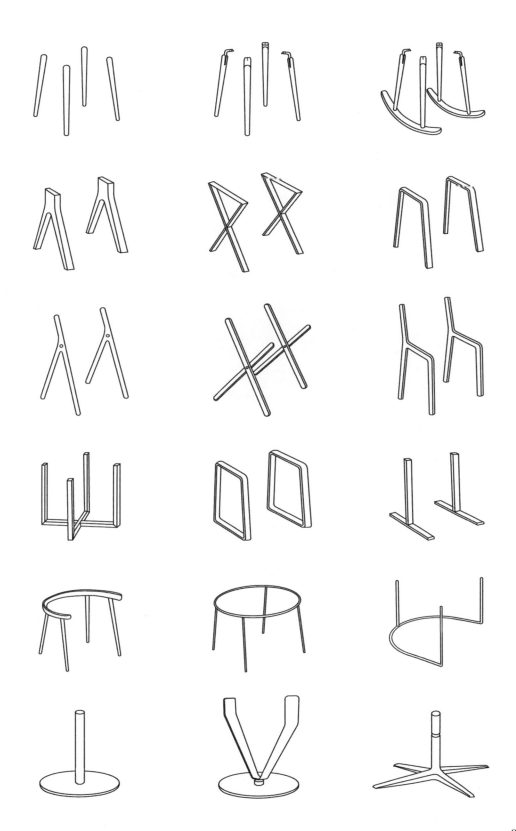

分离式四腿坐具案例

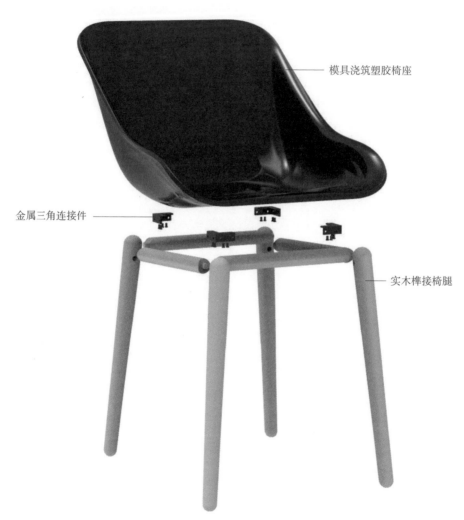

模具浇筑塑胶椅座

金属三角连接件

实木榫接椅腿

塑料因其易塑形、耐热、耐磨、耐蚀等优良特性被设计师广泛使用在家具领域中，制作出可批量生产的、形态各异的坐具。在塑料家具的组合中通常以三角连接件和螺栓连接，便于组装、颜色丰富、价格低廉。

四腿坐具的构成案例

四腿坐具的支撑结构案例

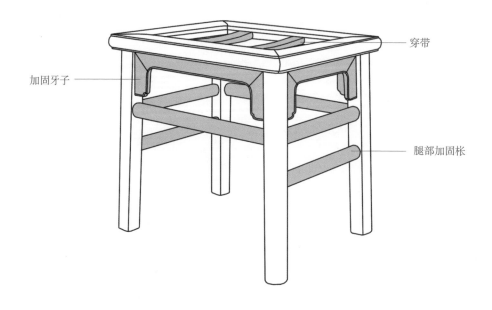

穿带

加固牙子

腿部加固枨

　　明式家具中的加固构件有三种，分别是"穿带""枨"和"牙子"。穿带是明式家具中专用于加固面板的承重支撑结构，以燕尾榫的结构固定于面板下，在榫卯体系中的专业名词为"攒边打槽装板"，"穿带"多以"二""三""十"字等结构，达到加固面板和承重作用；"枨"则是稳定腿部与腿部之间的加固结构；牙子或称为角牙，在家具面板下横向连接两腿，起到加固和装饰美化作用，常常制成各种各样的短木条、短木片、角花板等安装在交角部位，有简易的线条款式，也有雕花样式，形成一种三角形或带转角的部件，符合三角形的稳定性原理。

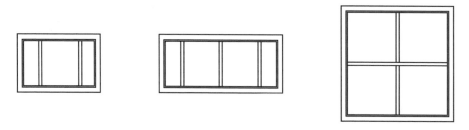

面板下支撑穿带款式

枨

　　明式家具体系是一个完整而严谨的家具系统，除了"制"与"式"，"枨"作为家具的支撑和加固构件，既给明式家具体系加强形体，又能装饰美化家具的样式。

　　"枨"可分为直枨、罗锅枨、十字枨、霸王枨等。

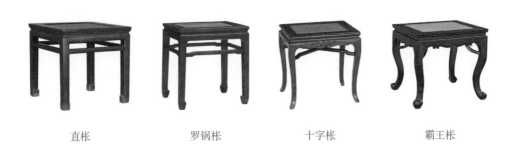

| 直枨 | 罗锅枨 | 十字枨 | 霸王枨 |

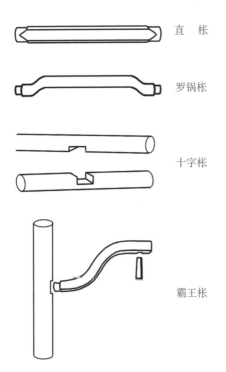

直 枨

罗锅枨

十字枨

霸王枨

　　直枨是基本样式，枨子平而直，加强腿足之间的连接，因其简洁大方的样式在现代家具中也有大量运用；罗锅枨来源于中式古建筑中的梁架款式，中间向上高起，具有强烈的明式特色；十字枨是榫卯结构中简易的交叉搭接结构，依据两根木材中的凹槽相互咬合而形成稳定结构，起到加固家具的作用；霸王枨的加固方式与前三种不同，它打破了局限在腿与腿之间的连接，而是用销钉固定在面板下的穿带，与下部分用半银锭形的榫头接合四腿，既分担面板承受的部分重量，又均衡地把这些重量传递到腿上，整体结构坚实而有力，尤似霸王举鼎，故称为"霸王枨"，多用于桌类等承重的家具。霸王枨呈现向上扬起的姿态，外形简洁流畅，极富美感，合理又美观。

在现代设计中，坐具中枨的运用相比明式家具更为灵活。枨可分为两种，一种为加固座面的支撑枨，另一种为加固坐具框架的加固枨，后者两端的节点不仅限于四腿之间，变化多样。

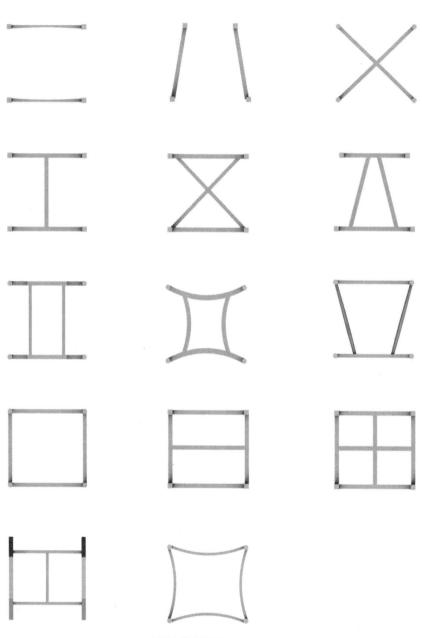

座面支撑枨图示

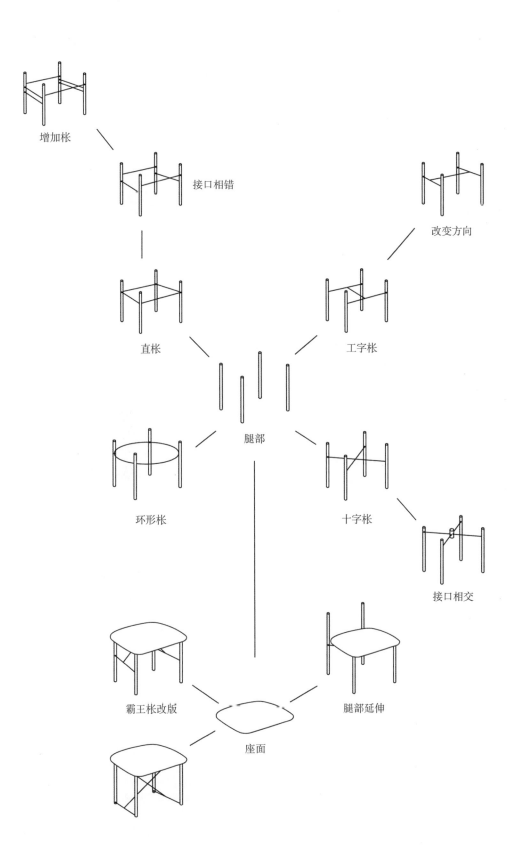

增加枨

接口相错

改变方向

直枨

工字枨

腿部

环形枨

十字枨

接口相交

霸王枨改版

座面

腿部延伸

霸王枨的变化

在中国的传统家具中霸王枨大部分用于几、桌、案等承重家具。霸王枨因其力学构造巧妙，线型美观，成为现代设计师中热衷的设计元素，他们常将霸王枨变化地运用于坐具之上。代表性的设计师是丹麦家具设计之父——芬·居尔（Finn Juhl）。

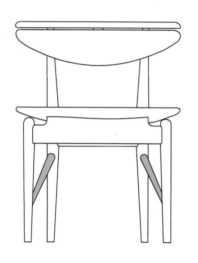

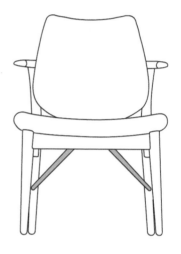

前腿连后腿

前枨连后腿

前腿连后枨

腿部加固件

枨接式坐具案例

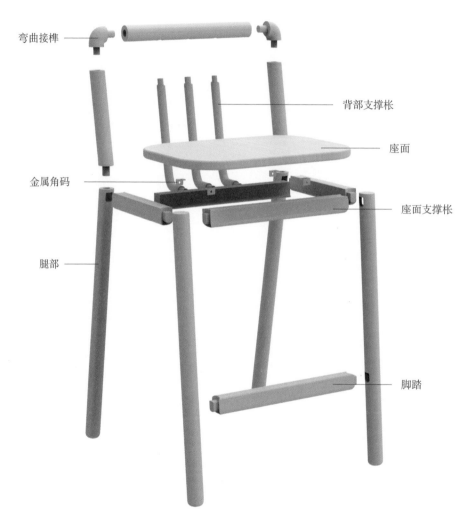

弯曲接榫

背部支撑枨

座面

金属角码

座面支撑枨

腿部

脚踏

在现代坐具设计中，枨有许多定义：支撑四腿、支撑座面、支撑靠背等，枨可以说是坐具中的加固骨架，撑起一件件不同构成样式的坐具。在坐具中的枨不局限于座面以下，枨因接点所触的部位不同，可展现出不同的风格。

枨接腿　枨接面　枨接枨

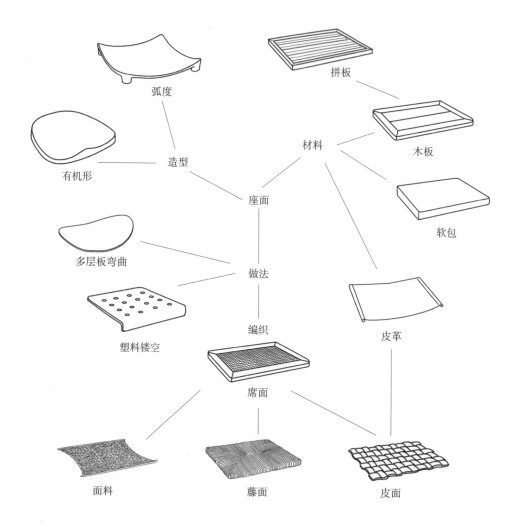

弧度

拼板

造型

材料

木板

有机形

座面

软包

多层板弯曲

做法

塑料镂空

编织

皮革

席面

面料

藤面

皮面

舒适性的追求

座面是坐具最大的承载面，人们对其舒适性有着很高的要求。在西方，早在古埃及时期，人们为了坐感更舒适，把座面做成一个曲面，使座面更加贴合人体，或用亚麻布或皮做成垫子，里面填充水禽的羽毛，垫子覆盖在椅子的靠背和座面上。

在东方，"席"为人们最早的坐具，下铺竹条，上铺软草，也在一定程度上加强了坐感的舒适度。同样的道理，藤席编织面一直保留在传统木作家具中，通过经纬线的纵横交织，有轻微的弧度变化更加贴合人体的弧度，款式多样，质地堪比锦缎，美观不亚于刺绣，取代木作拼板，更为舒适、清爽，价格也实惠。

在现代，人们对材料进行创新，对坐具制作方法也不懈追求，设计出多种造型、多种材料、多种做法的座面，为寻找最舒适的坐感而努力。

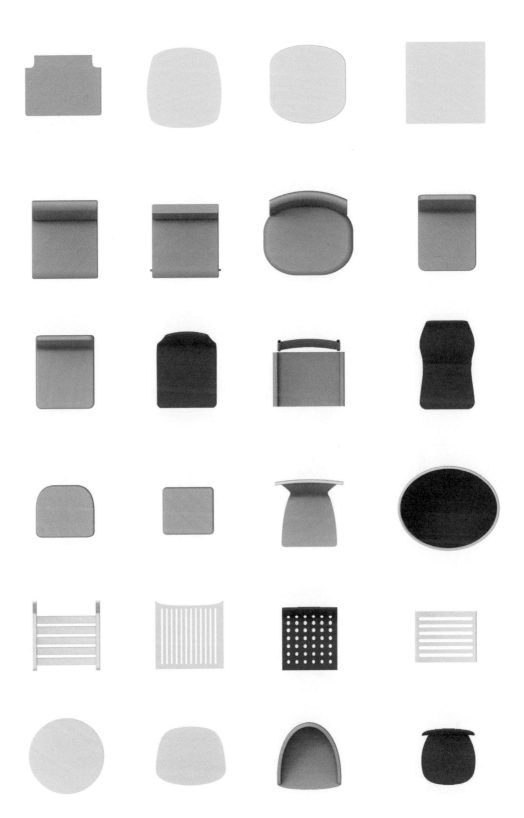

软体式坐具

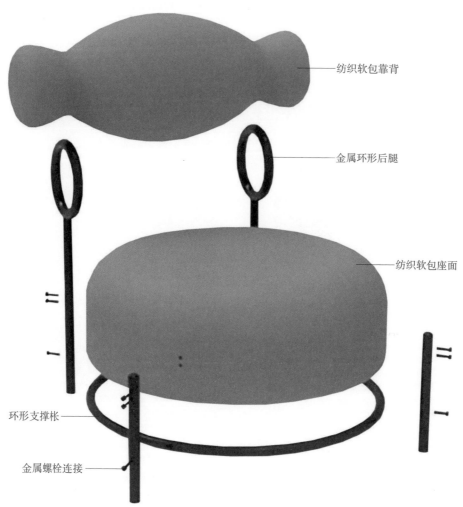

纺织软包靠背

金属环形后腿

纺织软包座面

环形支撑枨

金属螺栓连接

  上图是一张视觉上让人感觉很圆润的坐具，鼓鼓的坐包和靠垫，给人一种被环抱的舒适感觉。坐具中软包的使用大大增加了坐感的舒适性。软包有的是用聚氨酯材料发泡成型，也有由不同软度材料组合在一起的软包工艺制成等，厚度不同、密度不同，都可以打造不一样的坐感体验。

软体沙发内部结构

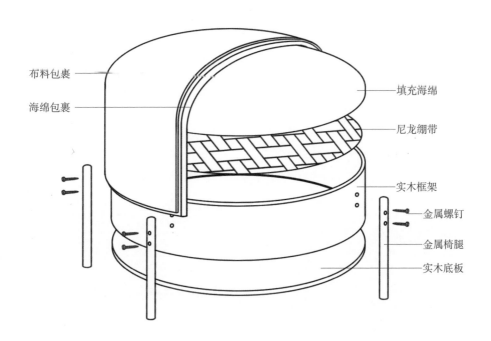

布料包裹 —— 填充海绵
海绵包裹 —— 尼龙绷带
—— 实木框架
—— 金属螺钉
—— 金属椅腿
—— 实木底板

坐具延伸

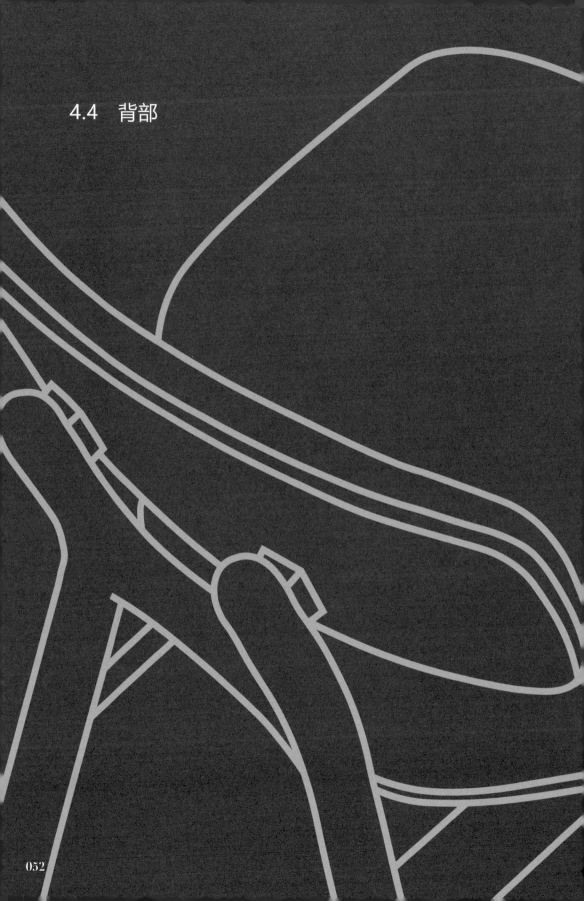

4.4 背部

后腿榫后接式

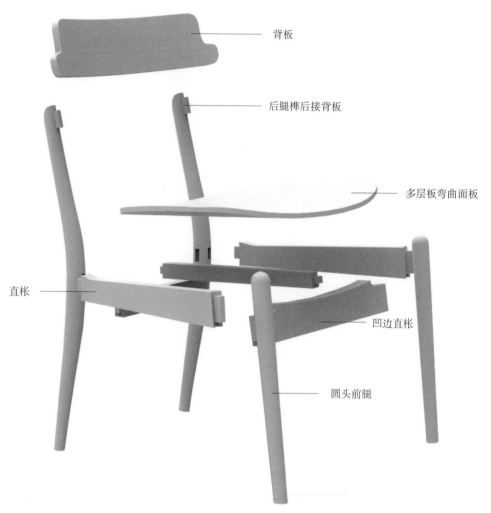

背板

后腿榫后接背板

多层板弯曲面板

直枨

凹边直枨

圆头前腿

相对于座面而言，背部的构成方式更为多样。背部优美的弧度满足人体工学要求，造型上每张坐具在展现的时刻，背部是第一时间映入人们眼帘的部件，其不同的形状与变化表达着设计师独特的设计思想，或轻盈灵动或精神挺拔，不同的组合结构也体现出设计师不一样的思考方式。

后腿直接式

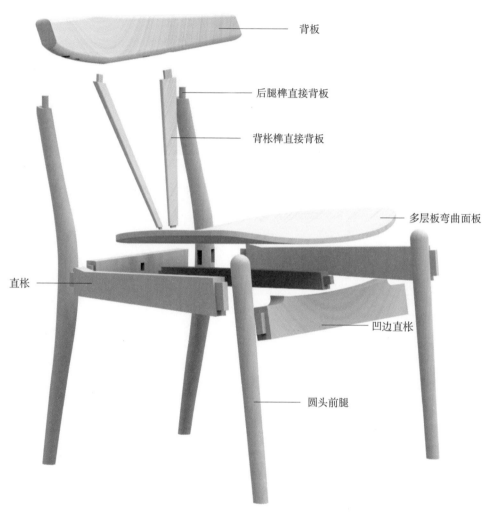

背板

后腿榫直接背板

背枨榫直接背板

多层板弯曲面板

直枨

凹边直枨

圆头前腿

　　直接式是指坐具后腿与背板零件上下结合的一种结构方式，其在保留坐具背部完整性的同时以最小的接触面稳定背部的结构。在固定坐具腿部和背部的基础上，还可以在背部设计不同的支撑枨承托人体背部，其构成方式可多样变化。

弯曲木靠背构成

弯曲木背板连后腿

圆形座面板

金属螺钉连接

环形支撑枨

弯曲木前腿

坐具靠背的构成方式是多样的，如著名的奥地利家具品牌 Wiener GTV 的弯曲木工艺，在满足工艺的基础上可任意弯曲制作成不同的椅子，像是一个大家族中的不同个体，每个个体个性不同却相互联系，这也是坐具系列化的一种体现。

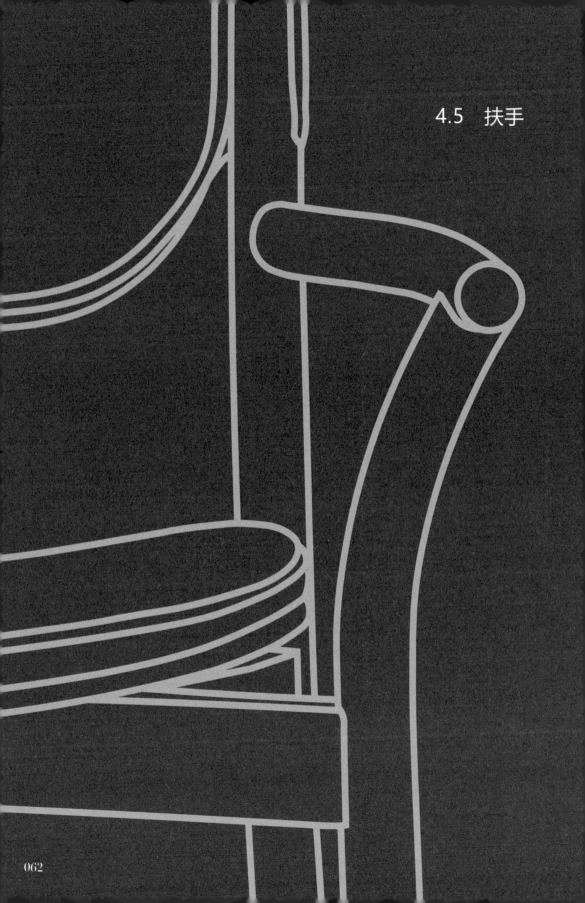

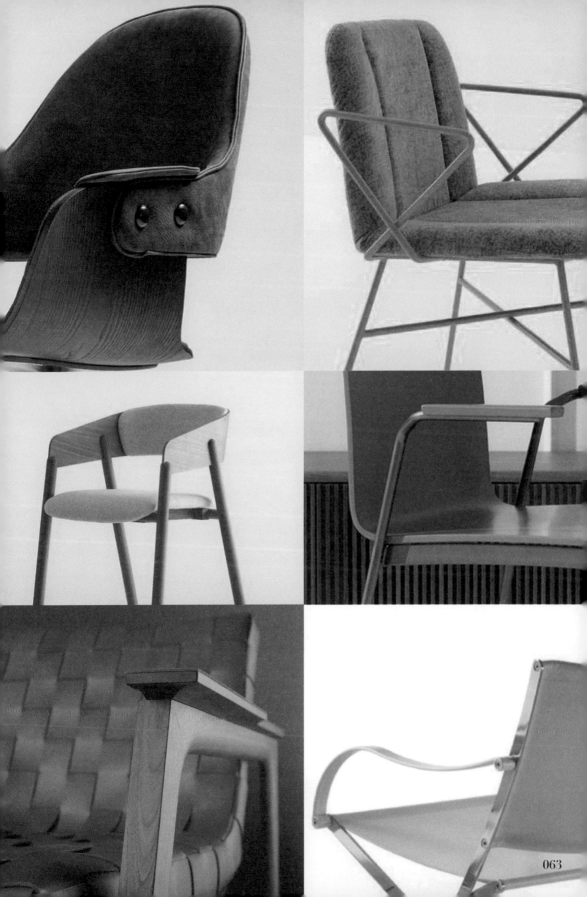

顺接式扶手构成

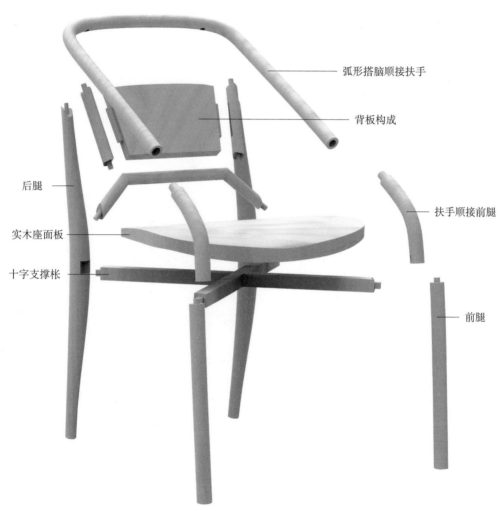

弧形搭脑顺接扶手

背板构成

扶手顺接前腿

前腿

后腿

实木座面板

十字支撑枨

　　扶手是因人的肢体行为衍生出来的部件。扶手的增加更能满足消费者体验时手臂的舒适感，其可以增加坐具的完整性，使坐具不再"单薄"。而扶手的整体造型修长，在结构设计中常会沿用中式家具的榫接方式，便于造型的同时节约材料。

侧接式扶手构成

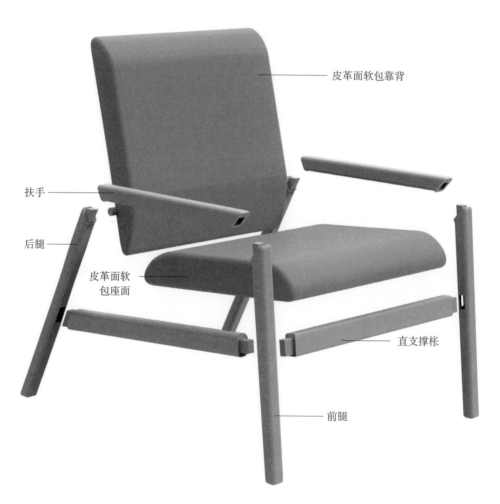

皮革面软包靠背

扶手

后腿

皮革面软包座面

直支撑枨

前腿

　　侧接式是扶手设计中的常见样式，扶手从坐具前腿与后腿中延伸出来，在坐具的左视图中会形成一个完整的样式。从后面的坐具案例中可以看出一种结构方式可以根据坐具的风格不同而改变。

直接式扶手构成

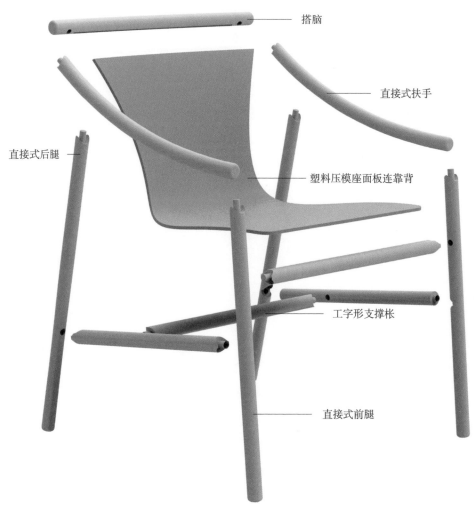

搭脑

直接式扶手

直接式后腿

塑料压模座面板连靠背

工字形支撑枨

直接式前腿

直接式扶手也是由背板延伸出的一种样式，这种样式的坐具设计可通过改变倾斜角度、断开、增加支撑节点、增加软包、延伸成环形等方法改变造型。

4.6　组合与演变

　　一张坐具以部件的不同接点展示其框架
走向，以部件的造型变化诠释设计师的想法
与理念，以材料的碰撞表达坐具的样貌风格。
不同的组合与演变会给人以惊喜，为我们的
生活增添精彩。

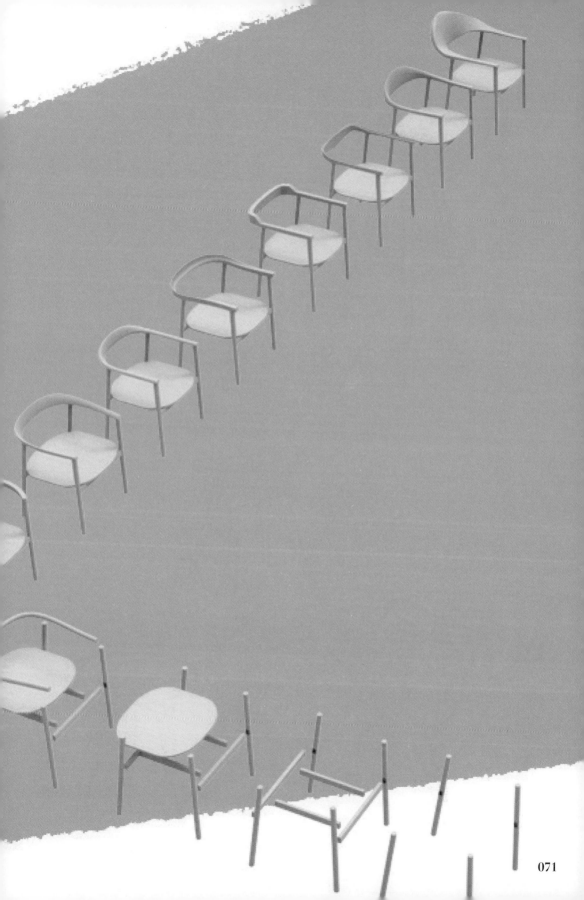

改变尺寸

从核心元素出发，通过人们的需求改变家具的尺寸与高度，这样就可以形成一个产品系列。

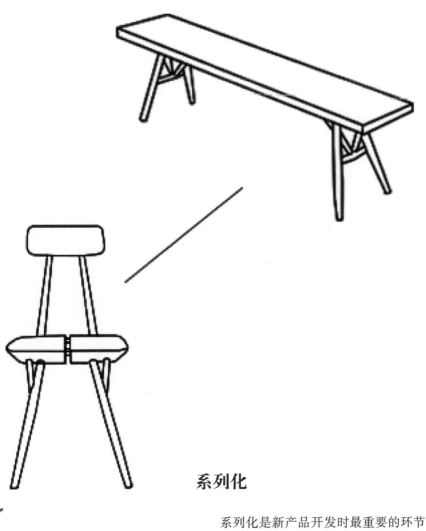

系列化

    系列化是新产品开发时最重要的环节。一个核心元素的开发代表着一个新系列的方向和风格，通过核心元素的不断延伸，运用在系列中的所有品类上，使整个系列产品和谐而统一，这也是设计师所希望展现在人们面前的面貌。一个成功的结构通过系列性变化和发展，功能与样貌各不相同，但其相关联的核心结构是相同的，因此，可以在一个空间中毫无违和感地组合在一起。

第5章

名椅设计
案例分析

5.1　索耐特曲木椅

迈克尔·索耐特
1859年
430mm（L）×460mm（W）×840mm（H）

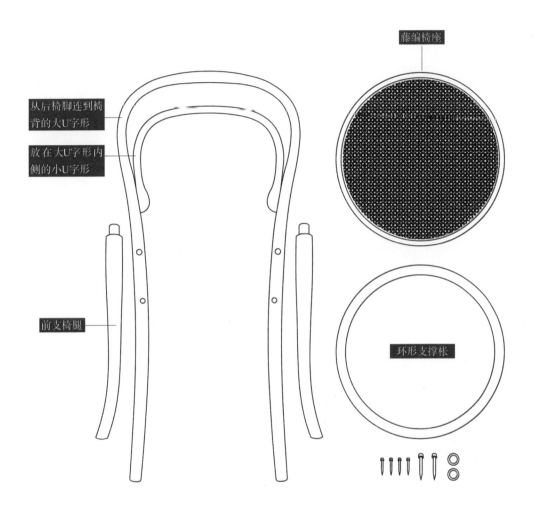

藤编椅座

从后椅脚连到椅背的大U字形

放在大U字形内侧的小U字形

前支椅腿

环形支撑杆

索耐特1号椅

迈克尔·索耐特，1796年出生于德国，1830年开始研究曲木技术。1836年，索耐特以层压板做成第一张椅子。经过近十年的技术改革，他终于从实践中摸索出一套制造曲木家具的生产技术。1842年索耐特的"用化学、机械法弯曲木材的技术"在维也纳获得了专利。1856年他又获得工业化生产弯曲木家具的专利。索耐特是现代家具设计的先锋人物。

1856年，索耐特采用以蒸汽压力使木材弯曲成弧线的弯曲木技术，设计制造了经典名椅——索耐特14号椅，这是索耐特家具历史上最有代表性的作品，到1930年已累计生产5000万件，目前仍在继续生产，成为世界上销量最大的椅子。这把椅子视觉流畅、整体性强，成为了工业设计中的典范，开创了现代工业家具和设计的先河。

索耐特14号椅仅由6个部件和10个螺钉构成，是可供组合、分解的构造，1立方米的木箱中可放入36张索耐特14号椅子的零件。通过采用组合式结构，可大幅降低运输成本。组合时采用了铁质螺钉的连接方式，从消费者的角度看来，当产品损坏时可以只更换损毁的零件，大大降低了维修成本。

索耐特14号椅又称为"国民椅"——为了消费者所推出的椅子。其特征就是轻巧、坚固、美观、价格平实，符合大众的需求。生产弯曲部件的工艺是至关重要的：先用蒸汽对木材进行熏蒸，使其软化，然后使用夹具对其进行弯曲加工。也正是因为这样的工艺所带来的可塑性，所有的部件可以被大批量地生产出来，只要是按照工艺标准进行制作，它们就一定能够和其他部件准确匹配，并且不同的模具可以创造出不同的样式。自索耐特14号椅以后，索耐特不断推出新的款式，很多款式长销不衰。

在确保尺寸与接合部位不变的前提下，还可以对不同部件进行多样化的组合。索耐特14号曲木椅是可以附加扶手的，椅垫也有实木、藤编和软包等多种选择。

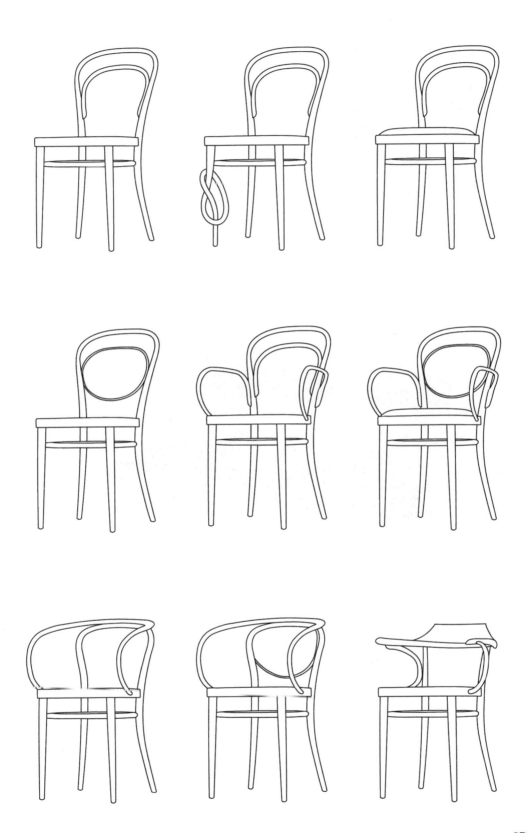

5.2　瓦西里椅

马塞尔·布劳耶
1925年
790mm（L）×790mm（W）×790mm（H）

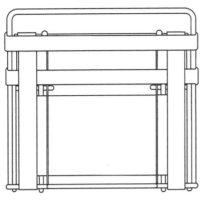

包豪斯是一所德国的艺术和建筑学校。包豪斯被誉为世界现代设计的发源地，对设计与艺术的发展有着巨大贡献，是世界上第一所完全为发展设计教育而建立的学院。它的成立标志着现代设计教育的诞生。马塞尔·布劳耶作为包豪斯最优秀的毕业生，被任命为德绍包豪斯家具工坊的负责人。

马塞尔·布劳耶被称为"钢管家具之父"。瓦西里椅是马塞尔·布劳耶研究新材料试验后得出的成果。布劳耶在当时阿德勒自行车的"管状车把"和"流线型骨架"中得到了灵感，将强悍但轻巧的镀镍钢管，弯曲成椅子的框架，背靠与座面采用皮革或纺织品，设计出世界上第一把钢管皮革椅。这是包豪斯产品设计的代表。

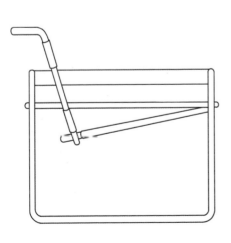

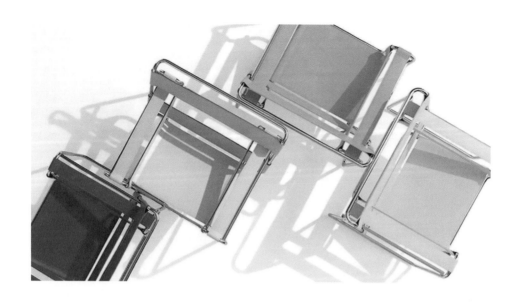

　　瓦西里椅作为第一件由钢管做成的坐具，是具有时代颠覆性的一款坐具。它充分诠释了包豪斯设计中"少即是多"的极简理念，是对追求装饰的古典主义的一次背离。由钢管弯曲成坐具的整体框架，钢管的弯曲和交错，配上各种颜色的皮革支撑，点线面的组合给人一种形似建筑的空间视觉，大方且时尚。

　　瓦西里椅在看似冷酷的框架下给人舒适的坐感体验，略略倾斜的座面与靠背形成符合人体工学的角度，皮革的韧性所带来的细微弹性"迎合"了人体的脊柱，硬与软、冷与暖的结合，让人为之赞叹佩服。

　　螺栓连接的钢管结构是钢管家具实用且坚固的"榫接"构件，给予坐具最好的固定，同时也方便组合与拆装。

　　钢管材料在家具上的应用虽然不足百年，但是，因为其具有可塑性强、可满足多方面的功能需求、硬度大、环保且使用寿命长、可标准批量化生产等优点，设计师们对其爱不释手，他们利用钢管这一材料延伸设计出各种造型的坐具以及其他新家具。

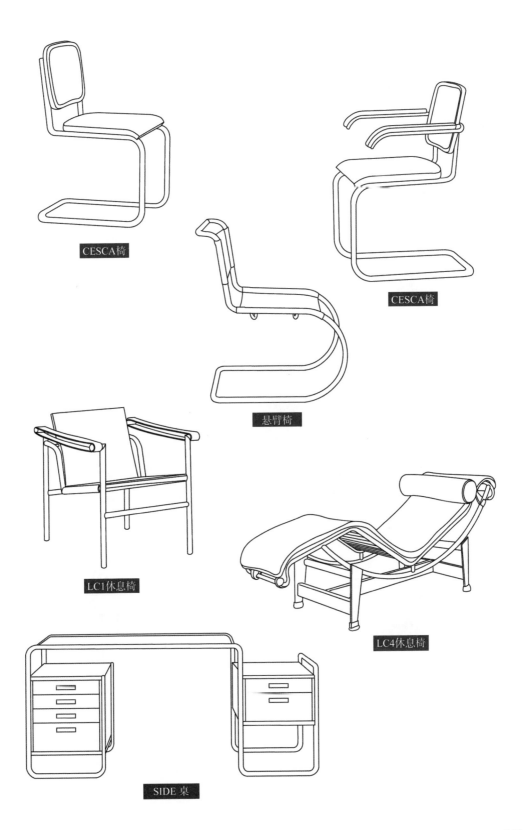

CESCA椅

CESCA椅

悬臂椅

LC1休息椅

LC4休息椅

SIDE 桌

5.3　中式圈椅

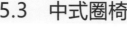

汉斯·瓦格纳

1944年

570mm（*L*）×560mm（*W*）×795mm（*H*）

明式圈椅

现代椅的四大源流分别是温莎椅、夏克式椅、索耐特设计的圈木圆座餐椅和中国的明式圈椅。

明朝是中国家具发展的黄金时代，这个时期诞生了一系列世界家具史中完成度极高的家具，而圈椅作为中国古代设计"最完美的椅子"对丹麦的"椅子设计大师"汉斯·瓦格纳产生了很大的影响。瓦格纳在明式圈椅的基础上设计，于1943年发表了第一张"中式圈椅"（下图），第二年又再次简化了"中式圈椅"的结构以实现量产。与明式圈椅不同的是，该作品的椅脑部分采用了索耐特的曲木技术，在特征上同时承袭了两个重要的源流。

1943

1944

1949

1950

1975

1989

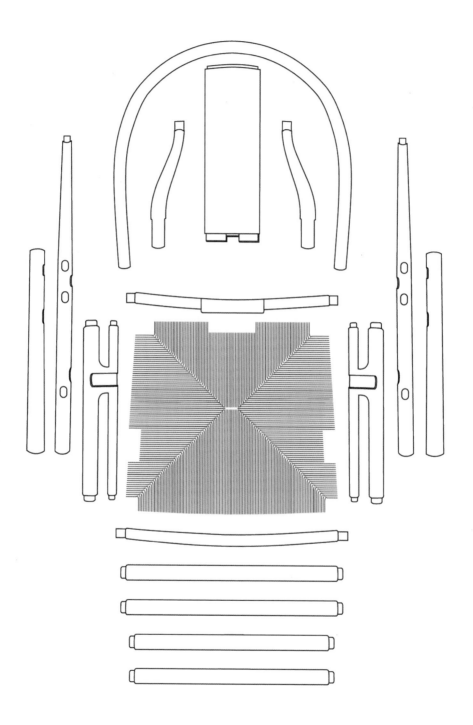

汉斯·瓦格纳最大的理想便是"做一把好椅子"。在1934年第一张"中式圈椅"成功面市后，瓦格纳对"中式圈椅"的设计更加热衷，直到1989完成最后一张"中式圈椅"的设计。中式家具设计"大道至简"的理念让瓦格纳沉迷不已，他不断去学习中式设计的精髓，然后从西方人的视角去重新设计。这张"中式圈椅"是多方考量工序希望量产进而简化的版本。

因传统的圈椅椅脑需要切削、嵌接等加工工序，使得椅子难以机械量产。设计这款圈椅时，汉斯·瓦格纳在思考如何将弯曲的木材运用在椅子的设计上，运用曲木技术，不切断木材纤维以达到更轻更坚固的目的。蒸汽熏蒸可使木材更具可塑性，再将其置于模型内干燥后即形成完美的椅脑。瓦格纳运用这样的技术使得这款中式圈椅得以量产销售。

这把椅子在当时被视为一把具有丹麦风格的乡村椅，富有"人情味"的现代美学，优雅的有机线条，将中国椅的厚重深沉变得活泼轻巧，进入了平常百姓家。

椅座由海草编织而成，坐上去会因人的重力而改变相应的弧度，使人坐感舒适亲肤，令人想起博格·摩根森1947年的简朴淳朴——乡村椅J39，椅子几乎完全抛弃了装饰，简洁的圆材腿足上接以平面化的横枨以加固，简约优雅，让设计变得纯粹，表里如一。

第6章
坐具设计实战

6.1　院校坐具设计案例

　　这个课程中，学生以新的视角进行坐具设计。

　　什么是家具？家具设计如何发展？

　　造物精神与榫卯智慧如何通过现代家具表达出来？

　　学生们在有限的学习条件下，将思考与行动紧密结合，完成了从聆听、查阅、手绘、临摹、设计到独立制作的完整学习过程，对木材料的性质、家具结体的结构与工艺、实木家具设计与制作的基本方法与步骤等专业知识有了比较深入的理解。

Buckle吧凳

"扣"在家具整体形态构造上起重要的
"关节"作用。我们希望把传统榫卯结构和现
代家具设计结合，在装饰性和功能性上实现
较完美的统一。

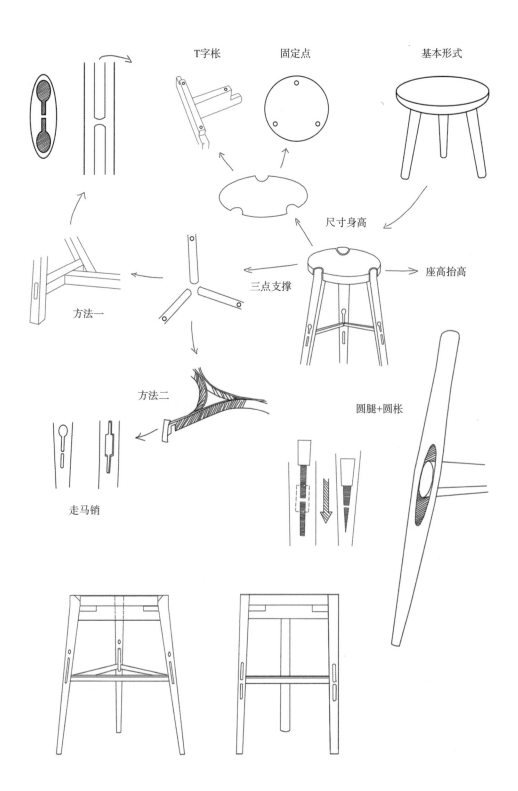

T字枨　　　固定点　　　基本形式

尺寸身高

座高抬高

三点支撑

方法一

方法二

圆腿+圆枨

走马销

这款吧凳是结合传统榫卯形式，运用榉木与胡桃木连接，突出"皮带扣"的卡扣结构。不同材质与凳腿镂空的形式结合，呈现点线面之间的虚实变化。

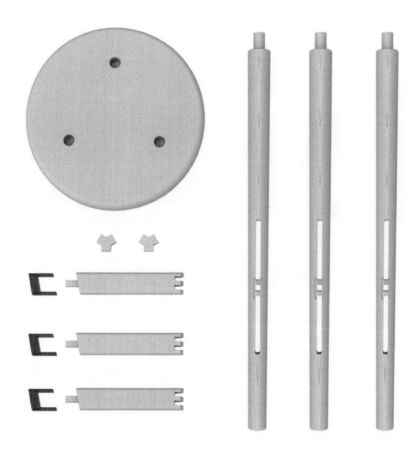

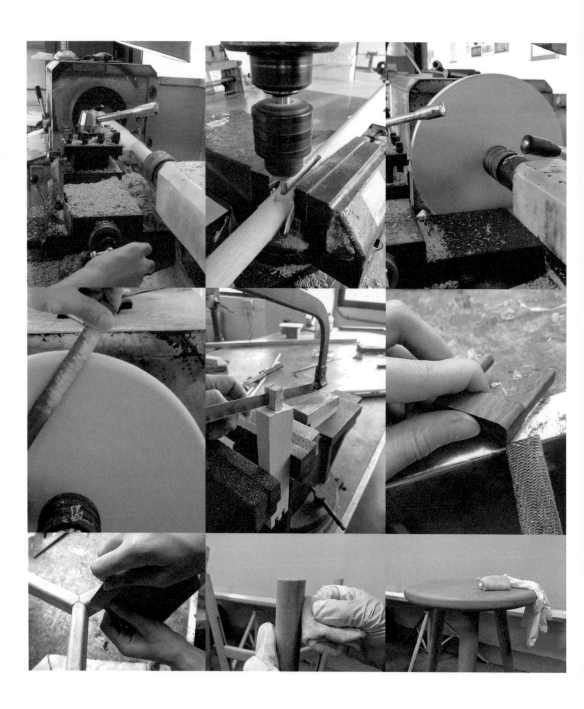

这个课程中我们学习了榫卯，了解了什么是明式家具，学会了如何从核心结构出发再到造型，设计出可拆装的简洁造型坐具。从传统明式榫卯出发，从功能、受力方向、造型等方面思考结构点的上佳状态。从开始的设计草图、建模、完善尺寸到最后的实物制作，这一过程让我学到如何做一张真正的椅子。

设计师：张琳枫

"重筑"靠背椅

　　椅子是否只是一个生活工具,这是我一直在思考的问题。这把椅子的设计我运用了金属与木两种不同的材料。在结构上,舍弃了传统的连接方式,靠背和座面的设计充分利用了金属的刚性和韧性。在满足功能的同时,金属又与木材料相互融合,在美感与实用性之间寻找平衡。在靠背造型上以鲸鱼尾为原型,轻巧的造型使椅子整体更加给人以年轻与自由的感觉,也使其在空间上更加透气。

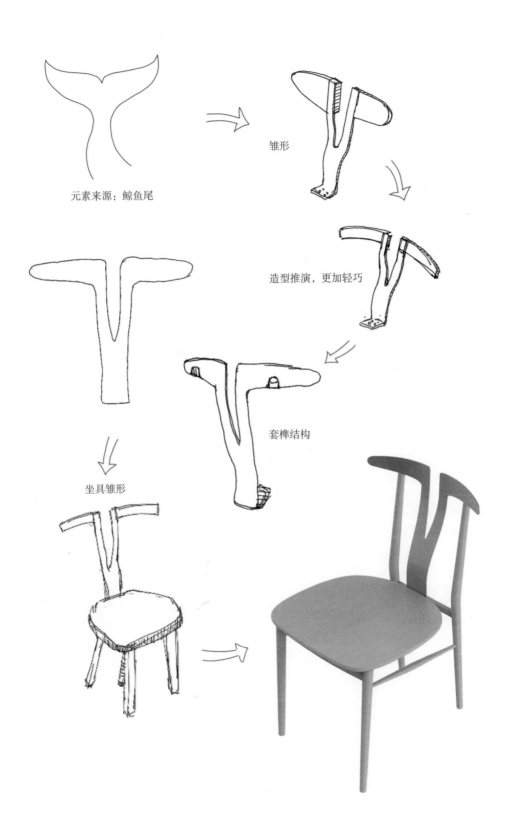

元素来源：鲸鱼尾

雏形

造型推演，更加轻巧

套榫结构

坐具雏形

造型推演

方案一

思考椅背的穿插方式，金属椅背穿过椅面到直枨上以达到固定效果，但是座面以下过于板正，与椅背的柔美相冲突，欠缺和谐感。

方案二

思考椅背金属材料与木材的结合方式，以方案一推演出座面以下的结构，座面前支撑枨以凹下抬起座面的方式呈现，但是破坏了坐具的整体性，结构过于繁复，无法突出椅背的元素。

方案三

　　思考椅背金属与木材的结合点，尝试穿插式结构，但也会破坏靠背的整体性，金属连接座面打破了传统的结构方式，使坐具更显轻盈。

最终方案

　　靠背以焊接的形式连接好套榫结构，坐具的后腿直接套进榫结构中，使得坐具正面可以看到完整的鲸鱼尾元素，简洁大方。座面以下做减法，前腿的直枨做微曲造型，迎合座面的弧度。

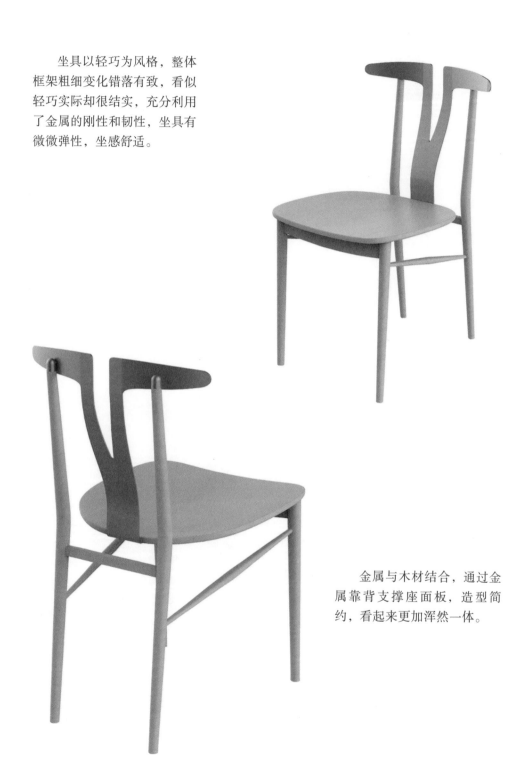

坐具以轻巧为风格，整体框架粗细变化错落有致，看似轻巧实际却很结实，充分利用了金属的刚性和韧性，坐具有微微弹性，坐感舒适。

金属与木材结合，通过金属靠背支撑座面板，造型简约，看起来更加浑然一体。

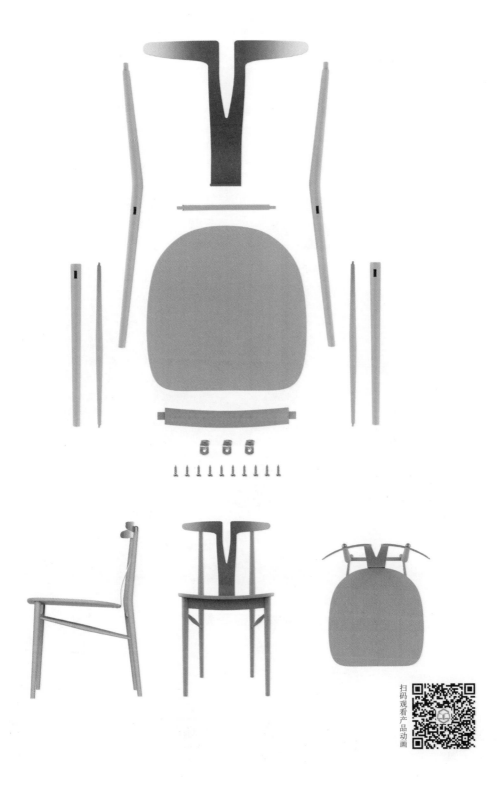

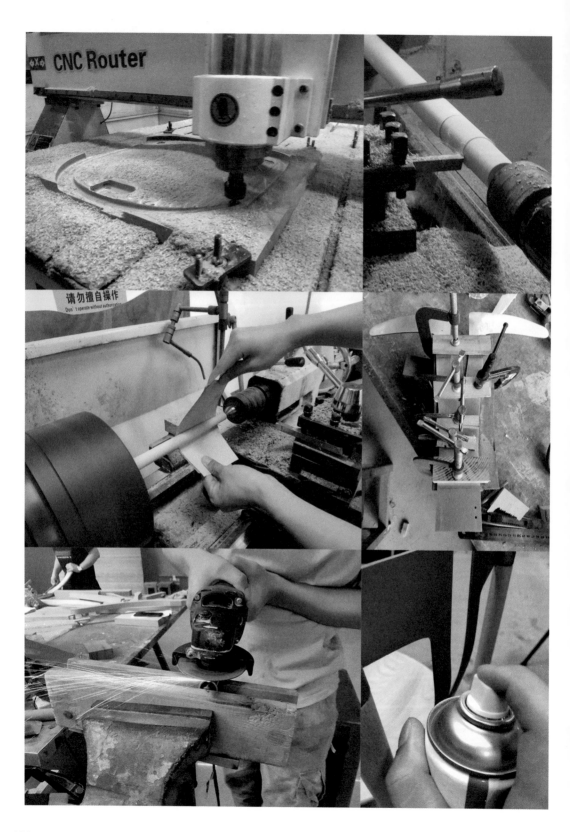

　　这个课程从开始到结束、从方案到实物，让我了解了很多实木家具的设计语言，并且更深刻理解了木的榫卯结构和椅子的形态尺寸。方案逐步完善的过程使我收获颇多。实物制作过程中，掌握了很多木结构的技巧，这些都是很宝贵的设计经验。

设计师：杨振鑫

新中式扶手椅

　　新中式家具是中国传统风格文化意义在当前时代背景下的演绎，是对中国当代文化充分理解基础上的当代再设计。新中式扶手椅是传承传统中式风格的精髓，通过与现代的材料（3D材料）与原木碰撞所产生的新意产品。在家具形态上更加简洁、清秀、柔美，在空间中显得更为轻松肆意。

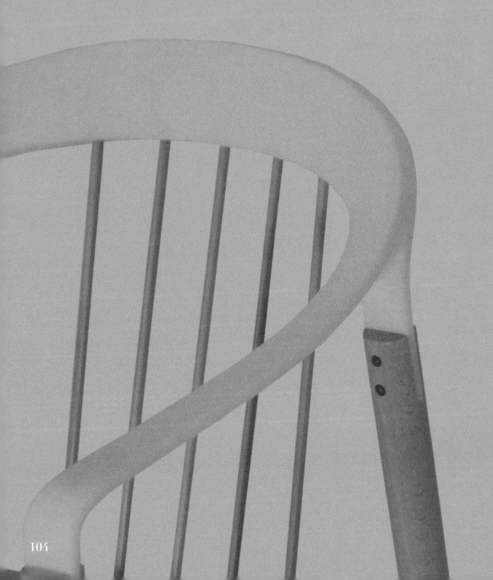

圈椅是经典明式椅，圈背连着扶手，扶手从高到低一顺而下，造型圆婉优美，体态丰满劲健。圈椅是中华民族独具特色的椅子样式之一。坐靠时，人的臂膀都倚着圈形的扶手，感到十分舒适，颇受人们喜爱。

梳椅是后背部分用圆梗均匀排列的一种靠背椅。梳椅圆材直棂的靠背设计来源于当时门窗流行的"柳条式"户牖设计。

传统的榫卯结构结合现代3D打印，原木与新材料的碰撞，展现出意外的和谐。

流线型扶手与木质椅腿的完美嵌合，尽显结构上的精妙与材质上的轻盈超逸。对传统的圈椅与梳椅的再设计，彰显现代简约风格。

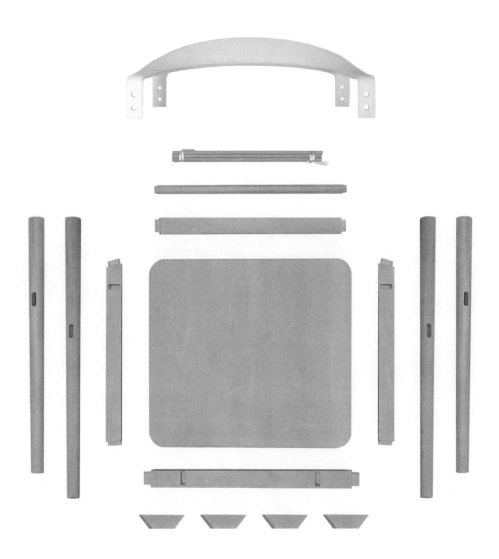

　　课程中对明式家具的形制、榫卯的智慧，以及对于一件坐具的尺度把挖都科学地进行探讨，对于坐具的坐高、靠背倾斜度、扶手高度做了合理的设计。制作这把椅子的过程中，流线型的靠背是设计之重，从弯木到竹片，最后发现新材料——树脂，结合3D打印技术完成了靠背，颜色与材质的对比，为坐具展现了新面貌。

设计师：范玉海

6.2　企业坐具设计案例

雅奢K3系列

（ELEGANT LUXURY K3 SERIES）

这个系列以"雅致追求，奢尚享受"为主题。

所用材料有：

细腻沉稳的胡桃木，

亲肤环保的进口头层牛皮，

奢华时尚的装饰铜件。

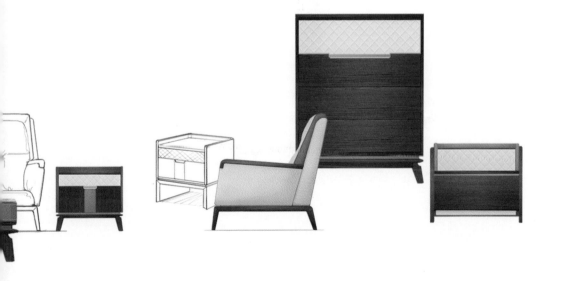

设计灵感

　　这是一把灵动、典雅、稳重的休闲坐具。以流线造型贯穿坐具的整体，靠背于腰部开始微微向外倾斜，给予坐具轻松、开放的视角。扶手参考明式圈椅的扶手，围绕靠背向前缓缓张开，扶手前削去造型使坐具显得灵动轻盈，前腿配上金属脚，时尚更耐用；舒适的头层牛皮，采用明亮的色彩搭配，增加了格子绗缝，突显雅致奢华。

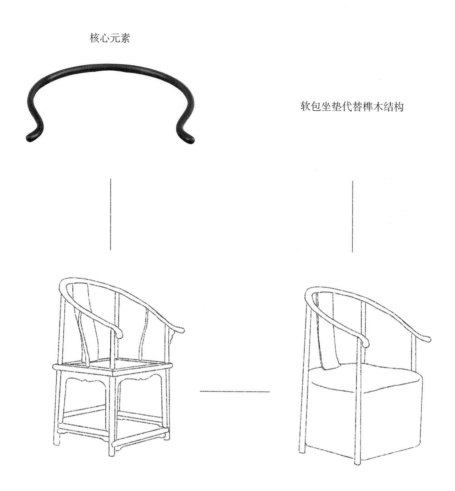

核心元素

软包坐垫代替榫木结构

设计过程

　　设计减法是现代设计中很重要的方法之一。所谓减法，并不是单纯地减少某个部件，而是把坐具中最想表达的元素保留且放大，用现代的手法把设计做得更简洁明了，更突出坐具的个性。

　　这张坐具沿袭了中国明式圈椅中扶手的核心元素，在造型上保留了中式榫卯的结

增加靠背接触面积，
调整扶手角度

靠背延伸至坐具腿部，
去掉后腿增加主体性

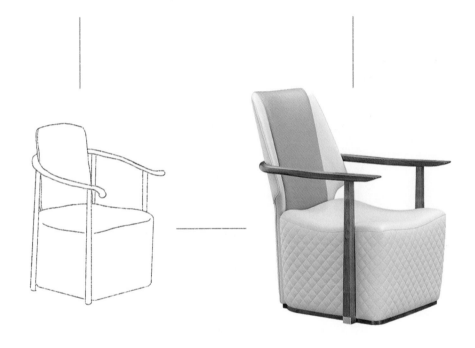

构，减去座面以下的框架结构，用现代的软包座垫替代；加大靠背的接触面积，增加
贴合感；放低靠背扶手的弧度；靠背延伸至腿部，去掉原来的后腿，从而增加坐具的
简约感和完整性；多种材料的组合配以明亮的色彩搭配，用现代的设计手法展现出坐
具的雅致奢华。

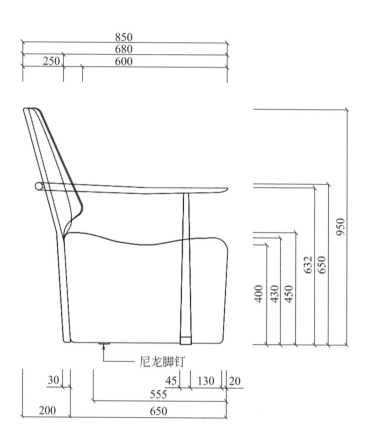

850
680
250 600

950
632
650
400
430
450

尼龙脚钉

30
200
45 130 20
555
650

CAD工程图展示

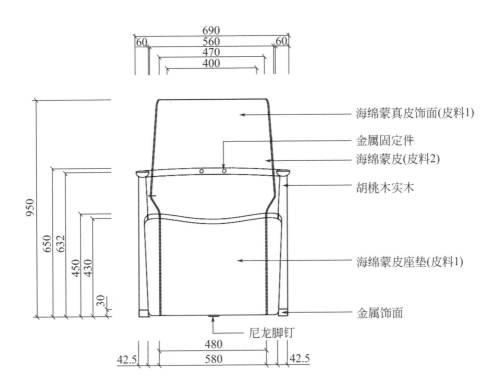

海绵蒙真皮饰面(皮料1)

金属固定件
海绵蒙皮(皮料2)

胡桃木实木

海绵蒙皮座垫(皮料1)

金属饰面

尼龙脚钉

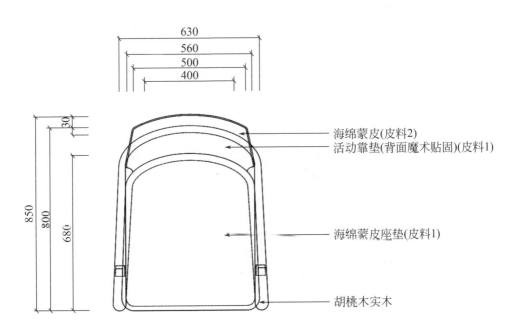

海绵蒙皮(皮料2)
活动靠垫(背面魔术贴固)(皮料1)

海绵蒙皮座垫(皮料1)

胡桃木实木

展示效果

材料使用：
胡桃木、皮革、金属

五星级酒店搬回家